Feuerungstechnische Rechentafel

nach Dipl.-Ing. Rud. Michel.

Zum praktischen Gebrauch für
Dampfkesselbesitzer, Ingenieure,
Betriebsleiter, Techniker usw.

4. Auflage

München und Berlin 1925.

Verlag von R. Oldenbourg

Erläuterung.

Zweck der vorliegenden Rechentafel ist, die Verbrennungsvorgänge einer Feuerungsanlage zahlenmäßig zu erfassen und dabei umständliches Formelrechnen zu ersparen. Die strenge Gesetzmäßigkeit, nach welcher die chemisch-physikalischen Vorgänge der Verbrennung vor sich gehen, gestattet dieselben in überaus einfacher Weise zu ermitteln.

Das zur Konstruktion dieser Rechentafel angewendete graphische Rechenverfahren heißt Nomographie oder Fluchtlinienkunst. Mit Hilfe der Nomographie können Formelausdrücke durch bestimmte Anordnung von Maßstäben in einer Ebene, welche die Variabeln der Formeln in allen ihren Werten enthalten, dargestellt werden, und zwar dergestalt, daß die Verbindung der entsprechenden Werte durch eine gerade Linie die gesuchte Größe im Schnittpunkt des zugehörigen Maßstabes abzulesen gestattet.

Im nachfolgenden sind zunächst die der Rechentafel zugrunde gelegten Berechnungsformeln angegeben und die Verbrennungsvorgänge selbst kurz erläutert.

Für die rechnerische Erfassung der Verbrennungsvorgänge ist die Charakteristik des Brennstoffes notwendig. Diese drückt sich aus in der chemischen Zusammensetzung desselben. Bedeutet: C den Kohlenstoff, H den Wasserstoff, O den Sauerstoff, N den Stickstoff, W das Wasser in Prozenten des Brennstoffes, so läßt sich

der Heizwert von Kohlen berechnen nach der Formel:

$$H_u = 81 \cdot C + 290 \cdot \left(H - \frac{O}{8}\right)^{1)} - 6\,W \text{ Kalorien.}$$

Hierbei wurde der Einfluß des Schwefels der Kohle, wegen Geringfügigkeit für diese Betrachtung, weggelassen. Der Formelausdruck selbst stellt den „unteren" Heizwert dar, der positive Teil der Formel ergibt den „oberen" Heizwert der Kohle.

Das Unverbrennliche. Sieht man von der geringen Menge Schwefel im Brennstoff ab, so ist von der Zusammensetzung des Brennstoffes nur Kohlenstoff und Wasserstoff verbrennlich. Das Unverbrennliche ist dann:

$$U = 100 - (C + H)\%$$

und besteht aus Asche, Wasser, Sauerstoff, Stickstoff und Schwefel.

Die Verbrennungsluftmenge. Ein Brennstoff verbrennt vollkommen, wenn sein gesamter C-Gehalt restlos zu Kohlensäure CO_2 verbrennt. Zu dieser vollkommenen Verbrennung ist eine gewisse Menge Luft erforderlich. Diese theoretisch minimale Luftmenge, welche zwar in der Praxis zur Verbrennung nie angewandt werden kann, ist jedoch zur Berechnung der tatsächlich verwandten Luftmenge notwendig. Sie berechnet sich als Gewicht für 1 kg Brennstoff nach der Formel:

$$L_g = 0{,}115 \cdot C + 0{,}345 \cdot \left(H - \frac{O}{8}\right) \text{ kg.}$$

Da 1 m³ Luft bei 0⁰ Cels. und 760 mm Barometerstand ein Gewicht von 1,29 kg besitzt, so ist die theoretisch minimale Luftmenge als Volumen bei 0⁰ Cels. und 760 mm Barometerstand:

$$L_v = L_g : 1{,}29 \text{ m}^3.$$

Die Verbrennungsgasmenge in kg ohne Luftüberschuß ergibt sich dann für 1 kg Brennstoff aus der Luftmenge, vermehrt um 1 kg Brennstoff, abzüglich dem Aschengewicht der Kohle. Es ist also:

$$G_g = L_g + 1 - A \text{ kg feuchtes Gas;}$$

in m³ gilt:

$$G_v = L_v - 0{,}056 \cdot \left(H - \frac{O}{8}\right) \text{ m}^3 \text{ für trockenes Gas, und}$$

$$G_v = L_v - 0{,}056 \cdot \left(H - \frac{O}{8}\right) + \frac{9 \cdot H + W}{80{,}4} \text{ m}^3 \text{ für feuchtes Gas.}$$

---

[1]) Bei Rechnungen mit Kohle pflegt man N und O zusammenzufassen und als O zu behandeln, ohne einen wesentlichen Fehler zu begehen. Es kann sonach in allen Formeln anstatt $\left(H - \frac{O}{8}\right)$, auch verwendet werden: $\left(H - \frac{O + N}{8}\right)$.

Der Luftüberschuß. Verbrennt ein Brennstoff mit überschüssiger Luftmenge vollkommen, so wird der verwendete Luftüberschuß festgestellt aus der Zusammensetzung der Rauchgase nach der Formel:

$$\ddot{u} = \frac{21}{21 - 79\frac{o}{n}},$$

wobei n den Gehalt an Stickstoff und o den Gehalt an Sauerstoff in den Rauchgasen darstellen. Der Quotient $\ddot{u}$ heißt die Luftüberschußzahl und gibt das Verhältnis der gesamten zugeführten Luft zu der verbrauchten an.

Die zugeführte Luftmenge ergibt sich dann durch Multiplikation der Verbrennungsluftmenge mit der Luftüberschußzahl:

$$L_m = \ddot{u} \cdot L_v \ m^3, \ und \ L_m = \ddot{u} \cdot L_g \ kg.$$

Die erhaltene Rauchgasmenge errechnet sich dann aus der Luftmenge nach:

$$R_{m/tr} = G_v + (\ddot{u} - 1) \cdot L_v \ m^3 \ als \ trockenes \ Rauchgas,$$
$$R_{m/f} = G_v + (\ddot{u} - 1) \cdot L_v + 0,01243 \cdot (9\,H + W) \ m^3 \ als \ feuchtes \ Rauchgas,$$

oder aus dem Kohlensäuregehalt k der Rauchgase nach:

$$R_{m/tr} = \frac{1,865 \cdot C}{k} \ m^3 \ für \ trockenes \ Rauchgas,$$
$$R_{m/f} = \frac{1,865 \cdot C}{k} + \frac{9 \cdot H + W}{80,4} \ m^3 \ für \ feuchtes \ Rauchgas.$$

Dem Gewichte nach ist: $R_g = \ddot{u} \cdot L_g + 1 - A \ kg.$

Der maximale Kohlensäuregehalt der Rauchgase. Die Zusammensetzung der entstehenden Rauchgase ist außer von der chemischen Zusammensetzung des Brennstoffes auch von der Menge der Verbrennungsluft abhängig. Verbrennt reiner C, so ist das Volumen der entstehenden CO_2 gleich dem Volumen des verbrauchten O. Bei Verbrennung von C in überschüssiger Luft tritt an Stelle der verbrauchten O-Prozente die gleiche Anzahl Prozente CO_2. Demnach ist in diesem Falle die Summe der CO_2- und O-Prozente in den Verbrennungsgasen stets $= 21$.

Da die meisten Brennstoffe außer C, auch H enthalten, so wird bei der Verbrennung ein Teil des Sauerstoffes der Verbrennungsluft vom Wasserstoff verbraucht und verschwindet aus den Rauchgasen, indem der gebildete Wasserdampf sich niederschlägt, sobald die Rauchgase auf gewöhnliche Temperatur abgekühlt werden. Die Summe der Prozente von CO_2 und O_2 in solchen Rauchgasen ist stets kleiner als 21.

Bei Brennstoffen, die auch Sauerstoff enthalten, ist hierbei der „disponible" Wasserstoff $= \left(H - \frac{O}{8}\right)$ maßgebend.

Verbrennt also ein Brennstoff mit der theoretischen Luftmenge vollkommen, d. h. wird aller Sauerstoff der Verbrennungsluft völlig verbraucht, so errechnet sich der maximale theoretische CO_2-Gehalt der Verbrennungsgase nach der Formel:

$$\%\,CO_2 = \frac{21 \cdot C}{C + 2,37 \cdot \left(H - \frac{O}{8}\right)}.$$

Der Sauerstoffgehalt der Rauchgase ist der Maßstab für das Verhältnis von Brennstoff zur Luft und daher für die Ermittlung des Luftüberschusses notwendig. In den trockenen Rauchgasen ist:

$$100 = CO_2 + O_2 + N_2.$$

Der Sauerstoffgehalt der Rauchgase läßt sich außer durch die Gasanalyse nur graphisch ermitteln.

In der vorliegenden Rechentafel läßt er sich aus dem rechteckigen Schaubild derselben ablesen. Die Diagonale dieses Rechteckes stellt die Grenzpunkte zwischen CO_2 und O_2 der Rauchgase dar. Die Verbindungslinie des maximalen CO_2-Punktes der Diagonale mit dem rechten unteren Eckpunkt stellt dann die Grenzpunkte zwischen O_2 und N_2 der Rauchgase dar. Es ist demnach die Ablesung:

$$(CO_2 + O_2) - CO_2 = O_2 \ Vol.-\%.$$

Der Wärmeverlust durch die abziehenden Rauchgase. Aus dem CO_2-Gehalt der Rauchgase und der Temperatur derselben beim Verlassen der Feuerzüge läßt sich ein Schluß auf die Ausnützung des Heizwertes ziehen. Dividiert man den Heizwert des Brennstoffes durch die Wärmekapazität der aus 1 kg derselben entstehenden Verbrennungsgase, so erhält man die sog. Anfangstemperatur T, d. h. die theoretisch mögliche Temperaturzunahme der Rauchgase. Diese wird in Wirklichkeit zwar nicht erreicht, steht aber zu der wirklich stattgefundenen Temperaturzunahme t in demselben Verhältnis wie die entwickelte Wärmemenge zu dem Wärmeinhalt der abziehenden Rauchgase. Der Bruch $\frac{t}{T}$ gibt direkt den Wärmeverlust durch die Rauchgase in Bruchteilen der entwickelten Wärme an.

Soweit die rechnerische Erfassung der Verbrennungsvorgänge, wie sie zum Verständnis der Rechentafel genügt und zu ihrer Kontrolle dienen kann.

Unvollkommene Verbrennung (CO-Bildung) tritt auf, wenn die vollkommene Verbrennung durch irgendwelche Umstände (zumeist Luftmangel) gestört ist, was zu befürchten ist, wenn der CO_2-Gehalt der Rauchgase 14% übersteigt. Die Abgase enthalten dann auch unverbrannte Gase, wie Methan, Wasserstoff, Kohlenoxyd CO, Teernebel, von denen das CO vorherrschend ist (Rauchbildung).

Da bei vollkommener Verbrennung mit der theoretischen Luftmenge 1 kg C zu 8,88 m³ Rauchgase bei CO_2-Bildung verbrennt, bei unvollkommener Verbrennung 1 kg C nur 5,38 m³ Rauchgase bei CO-Bildung erzeugt, so ist bei Verbrennung zu CO_2 die gebildete Gasmenge etwa $\frac{8,88}{5,38} = 1,6$ mal so groß als bei Verbrennung zu CO.

Die Summe von $CO_2 + O_2$ wird kleiner sein, als das Schaubild der Rechentafel angibt. Um den Gehalt an CO festzustellen, ist in diesem Falle neben CO_2 auch der Gehalt der Abgase an Sauerstoff zu bestimmen. Die Differenz der Summen von $CO_2 + O_2$ mit 1,6 multipliziert, ergibt die in den Rauchgasen enthaltene Menge CO.

Auf die Änderungen der Gasmengen und des Luftbedarfes, welche ein Vorkommen von CO bedingen, sei hier nicht weiter eingegangen, weil ein Auftreten von unverbrannten Gasen zu sofortigen Maßnahmen veranlaßt, um die Bildung derselben zu verhindern und dadurch wieder eine vollkommene Verbrennung zu erzielen.

Unvollständige Verbrennung. Unvollständig ist die Verbrennung dann, wenn nicht aller aufgegebener Brennstoff verbrannt ist, also wenn sich noch unverbrannte Teile desselben in den Rückständen vorfinden. Sind nennenswerte Mengen in den Rückständen vorhanden, so muß von dem C- und H-Gehalt des Brennstoffes ein entsprechender Abzug gemacht werden.

Ist in den Herdrückständen $C'\%$ Kohlenstoff und $H'\%$ Wasserstoff und betragen die Rückstände $A\%$ des Brennstoffes, so ist der in Abzug zu bringende Anteil

$$\text{an Kohlenstoff } c = \frac{C' \cdot A}{100}, \text{ an Wasserstoff } h = \frac{H' \cdot A}{100}.$$

In den meisten Fällen wird es genügen, das in den Aschenschlacken noch enthaltene Unverbrannte als Kohlenstoff anzusprechen und dieses vom C-Gehalt des Brennstoffes vor der Benützung der Rechentafel abzuziehen. Es ist also dann zu verwenden anstatt C: C—c.

Der Wärmeverlust durch das Unverbrannte selbst, ist:

$$V = \frac{c \cdot 8100}{H_u} \% \text{ vom Heizwert } H_u \text{ des Brennstoffes.}$$

Anleitung zur Benützung der Rechentafel.

Man verbindet die Punkte der Gehalte des Brennstoffes an C und an $H - \left(\dfrac{O}{8}\right)$

durch eine gerade Linie und liest in den Schnittpunkten dieser Geraden mit den zugehörigen parallelen Maßstäben die Werte für oberen Heizwert, für die Luftmenge in kg und m³ bei 0° und 760 mm Barometerstand, sowie für die Rauchgasmenge in m³ bei 0° und 760 mm Barometerstand ab. Der Schnittpunkt der verlängerten Geraden mit dem im rechten Winkel zu dem H-Maßstab liegenden Maßstab für maximalen CO_2-Gehalt, gibt den CO_2-Gehalt an, welcher bei Verbrennung mit der theoretischen Luftmenge erhalten würde.

Dieser Wert wird in der rechteckigen Darstellung der Verbrennungsgase aufgesucht, und zwar auf der Diagonale derselben. Man verbindet dann diesen Punkt mit dem rechten unteren Eckpunkt des Rechteckes und erhält so die Grenzlinie für O_2 und N_2 der Verbrennungsgase des verwendeten Brennstoffes für alle CO_2-Gehalte der Rauchgase. Der durch Analyse ermittelte Gehalt an CO_2 wird nun in der linken senkrechten Ordinate des Rechteckes aufgesucht und hindurch eine Horizontale gelegt. Der Schnittpunkt mit der gefundenen Grenzlinie für O_2 und N_2 gibt die Summe von $CO_2 + O_2$ der Rauchgase an. Daraus ist durch Subtraktion des bekannten CO_2-Gehaltes die Differenz der Gehalt an O_2 der Rauchgase.

Zieht man von demselben Schnittpunkte eine Parallele zu der nächsten schrägen Linie bis zur Grundlinie des Rechteckes, so liest man auf dieser die wieviel-fache Luftmenge ab, welche zur Verbrennung angewendet wurde.

Verlängert man dieselbe Gerade hinauf bis zum Schnittpunkt mit der senkrechten Rechteckseite und verbindet diesen Schnittpunkt mit der Temperaturlinie, so liest man im Schnittpunkt mit dem Maßstabe für Wärmeverluste die Prozente Wärmeverlust ab, welche bei der Verbrennung durch die Rauchgase abziehen, bezogen auf den Heizwert der verwendeten Kohle.

Ist der Wassergehalt des Brennstoffes größer als 10%, so verbindet man den Schnittpunkt der Grenzlinie für O_2 und N_2 mit dem CO_2-Gehalt, direkt mit der Temperatur der abziehenden Rauchgase und liest aus dieser Linie den Wärmeverlust ab.

Zur Ermittelung des „unteren" Heizwertes verbindet man den Punkt des „oberen" Heizwertes mit dem Wasser-(H_2O)-Gehalt des Brennstoffes, und findet im Schnittpunkte mit dem Maßstabe für unteren Heizwert den „unteren" Heizwert in Kalorien pro 1 kg Brennstoff.

Zur Ermittlung der Rauchgasmenge bei höherer Temperatur bis 400° Cels. legt man durch den Wert der Rauchgasmenge von 0° eine horizontale Linie und liest im Schnittpunkt mit den parallelen Temperaturmaßstäben bei der gewünschten Temperatur die Rauchgasmenge in m³ bei dieser Temperatur ab.

Das „Unverbrennliche" im Brennstoff (einschließlich der geringen Mengen Schwefel) ermittelt man, indem man den C- und den H-Gehalt des Brennstoffes mit einer Geraden verbindet und den Schnittpunkt mit dem Maßstab für „Unverbrennliches" abliest.

Die wirklich zugeführte Luftmenge errechnet sich dann leicht durch Multiplikation der gefundenen Luftmenge mit der Luftüberschußzahl entweder in kg oder m³ pro 1 kg Brennstoff.

Die wirklich erhaltene Rauchgasmenge pro 1 kg Brennstoff ist dann:

$$\text{Rauchgasmenge bei } 0^0 + \text{Luftmenge} \times (\text{Luftüberschußzahl} - 1)$$

für trockenes Rauchgas. Für feuchtes Rauchgas kommt noch hinzu der Wert $\left(\dfrac{9 \cdot H + W}{80,4}\right)$.
Dieses Volumen bezieht sich auf 0^0 Cels.; die Ermittlung bei höherer Temperatur erfolgt wie oben geschildert.

Man bestimmt neben dem CO_2-Gehalt den Gehalt an Sauerstoff O_2 (mittels Pyrogallol) und bildet die wirklich vorhandene Summe von $CO_2 + O_2$. Die Differenz dieser Summe von der in der Rechentafel für den entsprechenden CO_2-Gehalt abgelesenen Summe von $CO_2 + O_2$, mit 1,6 multipliziert, ergibt den Gehalt an CO.

Derselbe beträgt für je 1% CO in den Abgasen 6—7% vom Heizwert der Kohle.

Es sind somit alle Daten für die Beurteilung der Verbrennungsverhältnisse einer Feuerung mit Hilfe dieser Rechentafel in kürzester Zeit und für die Praxis mit hinlänglicher Genauigkeit zu ermitteln. Dabei ist bloß die Kenntnis der Zusammensetzung der Kohle und von den Rauchgasen der Gehalt derselben an Kohlensäure CO_2 nötig. Aber auch bei Kenntnis des annähernden Gehaltes von C und disp. H des Brennstoffes wird die Rechentafel wertvolle Einsicht in die tatsächlichen Verbrennungsvorgänge einer Feuerungsanlage geben. Dabei ist die Art des verwendeten Brennstoffes, ob Koks, Kohle, Holz oder Teeröl u. dgl. gleichgültig.

Die Maßstäbe der Rechentafel sind eingeteilt, und zwar:

der Maßstab für C in ganze Prozente,

,,   ,,   ,, $\left(H - \dfrac{O}{8}\right)$ in 0,25 Prozente,

,,   ,,   ,, maxim. CO_2 in 0,1 Volum-Prozente,

,,   ,,   ,, H_2O in 10 Prozente,

,,   ,,   ,, den Heizwert in 500 Kalorien,

,,   ,,   ,, die Luftmenge in 0,5 kg und in 0,2 m³,

,,   ,,   ,, die Rauchgasmenge bei 0^0 in 0,2 m³,

,,   ,,   ,, die Rauchgasmenge bei $100-400^0$ in ganze m³,

,,   ,,   ,, den Wärmeverlust in 5 Prozente,

die Maßstäbe für CO_2 im Rechteck in 0,5 Volum-Prozente,

der Maßstab für die Temperatur in 50 Grade Cels.

---

4 Beispiele mögen den Gebrauch der Rechentafel praktisch erläutern.

Beispiel 1. Untersuchung einer Dampfkesselfeuerung.

Brennmaterial ist Steinkohle von der Zusammensetzung:

C — 79,5%, H — 4,4%, O + N — 4,6%, S — 1,0%, Wasser — 2,9%, Asche — 7,6%.
Daraus ist der disp. H = 3,83%.

Der Kohlensäuregehalt der Rauchgase beträgt 12,4 Vol.-%, die Temperatur der abziehenden Rauchgase 300^0 Cels.

In der Rechentafel ergibt die Verbindungslinie von C = 79,5 mit $\left(H - \dfrac{O}{8}\right) = 3,83$, in den Schnittpunkten mit den entsprechenden Maßstäben:

für den oberen Heizwert: 7500 Kalorien pro 1 kg Kohle,

,, die theor. erforderliche Luftmenge: 10,4 kg pro 1 kg Kohle,

,,   ,,   ,,   ,,   = 8,1 m³ ,, 1 ,,   ,,

,, die Verbrennungsgasmenge bei 0^0: 7,88 m³,

,, den theor. maxim. CO_2-Gehalt: 18,85 Vol.-%.

In der rechteckigen Darstellung ergibt die Verbindungslinie des maxim. CO_2-Gehaltes auf der Diagonale, mit dem rechten unteren Eckpunkt, die Grenzlinie von $CO_2 + O_2$ und N_2 der Rauchgase. Bei dem CO_2-Gehalt von 12,4% ist der Schnittpunkt mit dieser Linie $= 19,6 = CO_2 + O_2$-Gehalt. Der Gehalt an O_2 ist daher gleich $19,6 - 12,4 = 7,2$ Vol.-% und der Gehalt der Rauchgase an $N_2 = 100 - 19,6 = 80,4$ Vol.-%.

Von diesem Schnittpunkt die Parallele zur nächsten schrägen Linie ergibt im Schnittpunkt mit der Grundlinie die Luftüberschußzahl $= 1,5$.

Den Schnittpunkt dieser Parallelen mit der vertikalen Rechteckseite, verbunden mit der Temperaturlinie der Rauchgase $= 300^0$, ergibt im Schnittpunkt mit dem Maßstab für Wärmeverlust: 15,5%.

Der untere Heizwert ist wegen des geringen Wassergehaltes fast gleich dem oberen Heizwert.

Die tatsächlich verbrauchte Luftmenge ermittelt sich durch Multiplikation der theor. Luftmenge mit der Luftüberschußzahl, d. i. $10,4 \times 1,5 = 15,6$ kg oder 12,15 m³ Luft pro 1 kg Kohle.

Die tatsächlich erhaltene Rauchgasmenge ist:

Rauchgasmenge $+$ Luftmenge $\cdot$ (Luftüberschußzahl $- 1$) $= 7,88 - 8,1 \cdot (1,5 - 1) = 11,93$ m³ bei 0^0 C. Bei 300^0 Cels. ist dieses Volumen aus der Rechentafel gleich 25,0 m³ pro 1 kg.

Das Unverbrennliche der Kohle ist der Schnittpunkt der Verbindungslinie von $C = 79,5$ und von $H = 4,4$ mit dem entsprechend bezeichneten Maßstab $= 16,1$%.

Zur Berechnung der feuchten Rauchgasmenge kommt zu dem Wert für trockene Rauchgase noch der Ausdruck $\dfrac{9 \cdot H + W}{80,4} = \dfrac{9 \cdot 4,4 + 2,9}{80,4} = 11,93 + 0,53 = 12,46$ m³ bei 0^0 Cels.

Beispiel 2. Untersuchung einer Feuerung mit Brennmaterial: Braunkohle von der Zusammensetzung:

53,0% C, 4,5% H, 16,0% O + N, 1,0% S, Wasser 15,0%, Asche 10,5%, daraus ist disp. $H = 4,5 - 2,00 = 2,50$%.

Der Kohlensäuregehalt der Rauchgase ist 8,0 Vol.-%, und die Temperatur derselben ist 300^0 Cels.

Analog wie im Beispiel 1 findet man in der Rechentafel:

für den oberen Heizwert: 5000 Kalorien pro 1 kg,
„ die theor. erforderliche Luftmenge: 6,91 kg pro 1 kg,
                               $= 5,35$ m³ „ 1 „
„ die erhaltene Rauchgasmenge: 5,2 m³ bei 0^0,
„ den theor. maxim. CO_2-Gehalt der Rauchgase: 18,86 Vol.-%.

Im Rechteck findet man für die Summe von $CO_2 + O_2$ bei 8,0% CO_2 den Wert 20,0%, daher ist der O_2-Gehalt der Rauchgase $= 12,0$%,
und der N_2-Gehalt der Rauchgase $= 80,0$%.
Für die Luftüberschußzahl findet man in der Grundlinie des Rechteckes den Wert 2,3.

Da die Kohle mehr als 10% Wasser enthält, verbindet man zur Ermittlung des Wärmeverlustes den Punkt $CO_2 + O_2$ direkt mit der Temperatur 300^0 und findet im zugehörigen Schnittpunkt 25,1% als Wärmeverlust vom Heizwert der Kohle.

Der untere Heizwert ist die Verbindungslinie des oberen Heizwertes mit 15% Wasser (H_2O) $= 4900$ Kalorien.

Die tatsächlich verbrauchte Luftmenge ist analog Beispiel 1 $= 6,91 \times 2,3 = 15,9$ kg oder $5,35 \times 2,3 = 12,3$ m³.

Die tatsächlich erhaltene Rauchgasmenge $= 5,2 + 5,35 \cdot (2,3 - 1) = 12,16$ m³ bei 0^0 als trockenes Rauchgas. Als feuchtes Rauchgas $12,16 + 0,69 = 12,85$ m³ bei 0^0; bei 300^0 $= 30$ m³ pro 1 kg verbrannter Kohle.

Beispiel 3.   Verbrennung im Dieselmotor.

Brennstoff ist Teeröl von der Zusammensetzung: 90% C und 7% H. Die Auspuffgase enthalten 140% CO_2 und haben eine Temperatur von 400° C.

Analog wie in den früheren Beispielen findet man in der Rechentafel:

    für den Heizwert: 9300 Kalorien pro 1 kg Teeröl
     ,, die theor. erforderliche Luftmenge: 12,75 kg pro 1 kg Teeröl
                            = 9,85 m³ ,, 1 ,, ,,
     ,, die erhaltene Rauchgasmenge: 9,5 m³,
     ,, den theor. max. CO_2-Gehalt der Rauchgase: 17,75 Vol.-%.

Im Rechteck findet man für die Summe von $CO_2 + O_2$ bei 14,0% CO_2 den Wert 18,4%, daher ist der O_2-Gehalt = 4,4% und der N_2-Gehalt der Rauchgase = 81,6%.

Für die Luftüberschußzahl findet man den Wert: 1,25fache Luftmenge.

Für den Wärmeverlust durch die Abgase findet man analog Beispiel 1 bei der Temperatur von 400° Cels. 17,8%.

Die tatsächlich verbrauchte Luftmenge und die wirklich erhaltene Rauchgasmenge errechnet sich dann wie in den früheren Beispielen gezeigt.

Beispiel 4.   Unvollkommene Verbrennung.

Die in Beispiel 1 verfeuerte Kohle ergab bei der Verbrennung in den Rauchgasen:

$$CO_2 - 15,0 \text{ Vol.-\%}$$
$$O_2 - 3,0 \text{ Vol.-\%}.$$

Es ist also die tatsächliche Summe von $CO_2 + O_2 = 15 + 3 = 18,0$. Nach der Rechentafel ist der max. CO_2-Gehalt der Rauchgase: 18,85 Vol.-%. Für diesen max. CO_2-Gehalt ist die Summe von $CO_2 + O_2$ bei 15,0% CO_2 und vollkommener Verbrennung nach der Rechentafel = 19,2. Der Gehalt an CO ist dann 19,2 — 18,0 = 1,2 × 1,6 = 1,92 Vol.-%.

Der Wärmeverlust durch diese unverbrannten Gase = 1,92 × 6,5 = 12,5%.

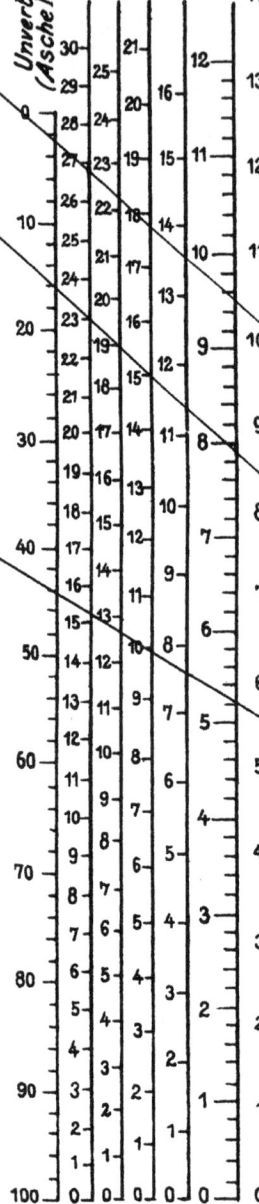

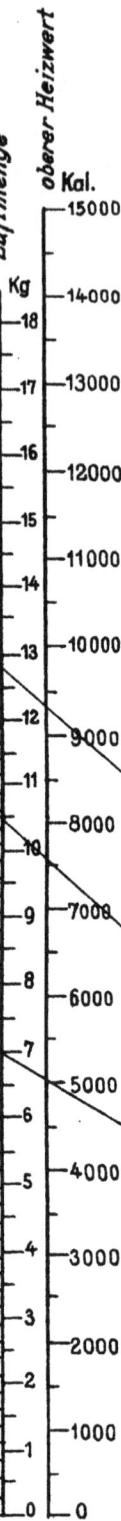

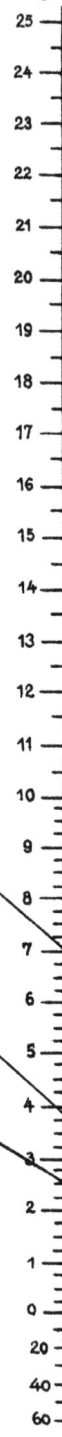

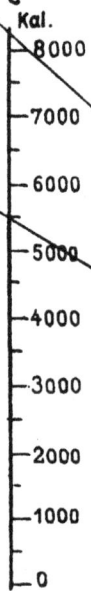

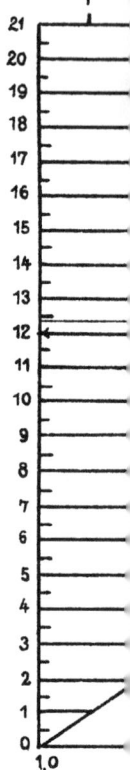

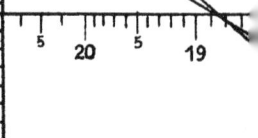

ierungstechnische Rechentafel
nach Dipl.-Jng. Rud. Michel.

max. theor. CO_2 - Gehalt

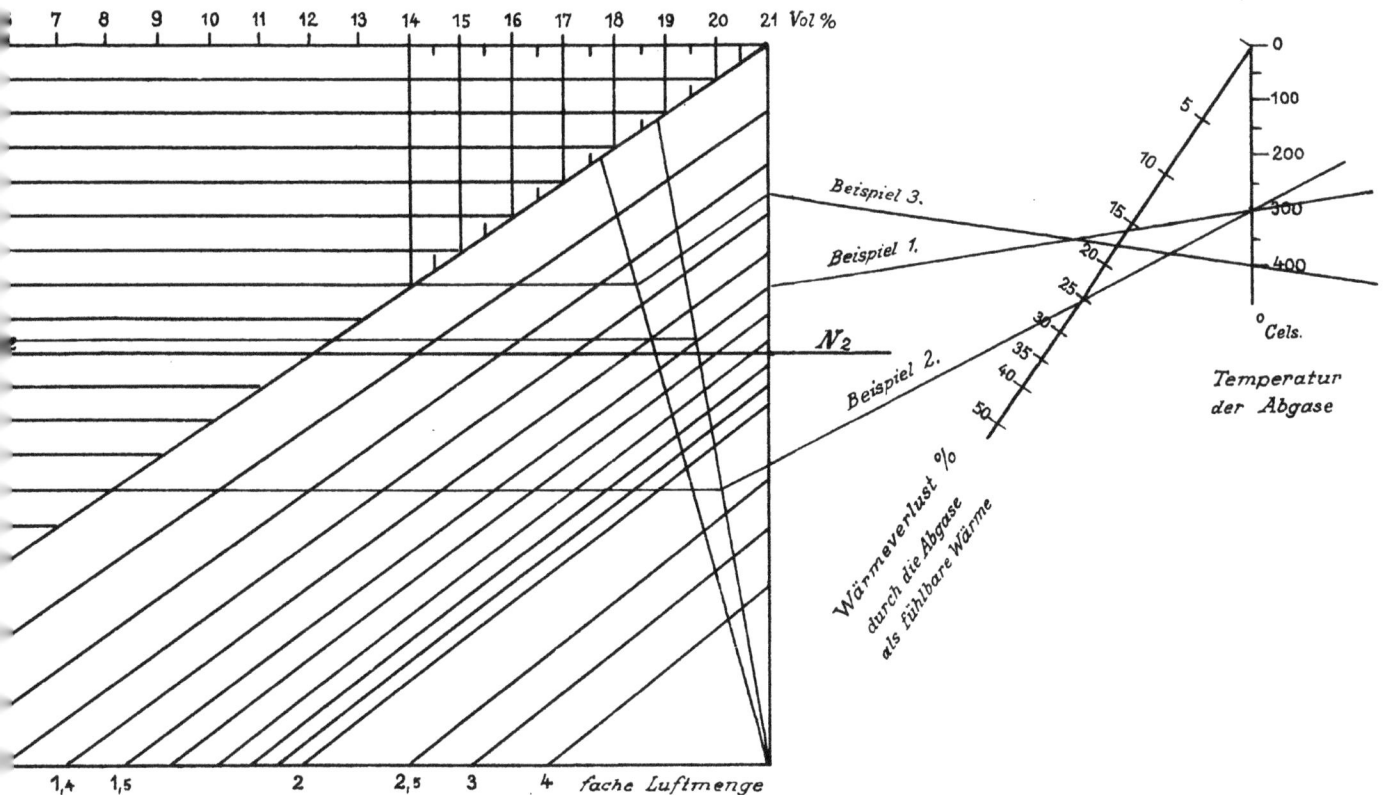

7 8 9 10 11 12 13 14 15 16 17 18 19 20 21 Vol %

Beispiel 3.

Beispiel 1.

N_2

Beispiel 2.

0
—100
—200
—300
—400

5
10
15
20
25
30
35
40
50

° Cels.

Temperatur der Abgase

Wärmeverlust %
durch die Abgase
als fühlbare Wärme

1,4 1,5 2 2,5 3 4 fache Luftmenge

Vol.%

17 5 16 5 15

max. theor. CO_2 Gehalt

Verlag R. Oldenbourg, München und Berlin.